上海市工程建设规范

地下工程橡胶防水材料成品检测及工程应用验收标准

Test and construction acceptance standard of rubber waterproof product for underground projects

DG/TJ 08—2132—2020
J 12475—2020

主编单位:上海建科检验有限公司
上海申通地铁集团有限公司
批准部门:上海市住房和城乡建设管理委员会
施行日期:2021 年 3 月 1 日

同济大学出版社

2020 上海

图书在版编目(CIP)数据

地下工程橡胶防水材料成品检测及工程应用验收标准/上海建科检验有限公司,上海申通地铁集团有限公司主编. —上海: 同济大学出版社, 2020.12

ISBN 978-7-5608-9643-4

Ⅰ. ①地… Ⅱ. ①上… ②上… Ⅲ. ①地下工程-建筑防水-防水材料-工程验收-质量标准 Ⅳ. ①TU94-65

中国版本图书馆 CIP 数据核字(2020)第 260126 号

地下工程橡胶防水材料成品检测及工程应用验收标准

上海建科检验有限公司
上海申通地铁集团有限公司 **主编**

策划编辑 张平官
责任编辑 朱 勇
责任校对 徐春莲
封面设计 陈益平

出版发行 同济大学出版社 www.tongjipress.com.cn
(地址:上海市四平路 1239 号 邮编: 200092 电话:021－65985622)

经　　销 全国各地新华书店
印　　刷 浦江求真印务有限公司
开　　本 889mm×1194mm 1/32
印　　张 1.875
字　　数 50 000
版　　次 2020 年 12 月第 1 版 2020 年 12 月第 1 次印刷
书　　号 ISBN 978-7-5608-9643-4
定　　价 15.00 元

上海市住房和城乡建设管理委员会文件

沪建标定〔2020〕478 号

上海市住房和城乡建设管理委员会
关于批准《地下工程橡胶防水材料成品检测
及工程应用验收标准》为上海市
工程建设规范的通知

各有关单位：

由上海建科检验有限公司、上海申通地铁集团有限公司主编的《地下工程橡胶防水材料成品检测及工程应用验收标准》，经我委审核，现批准为上海市工程建设规范，统一编号为 DG/TJ 08—2132—2020，自 2021 年 3 月 1 日起实施。原《地下防水工程橡胶防水材料成品检测规程》DG/TJ 08—2132—2013 同时废止。

本规范由上海市住房和城乡建设管理委员会负责管理，上海建科检验有限公司负责解释。

特此通知。

上海市住房和城乡建设管理委员会

二〇二〇年九月十日

前　言

根据上海市住房和城乡建设管理委员会《关于印发〈2018 年上海市工程建设规范、建筑标准设计编制计划〉的通知》(沪建标定〔2017〕898 号)的要求，由上海建科检验有限公司、上海申通地铁集团有限公司会同有关单位，对上海市工程建设规范《地下防水工程橡胶防水材料成品检测规程》DG/TJ 08—2132—2013 开展全面修订工作。

修订过程中，编制组对《地下防水工程橡胶防水材料成品检测规程》执行情况进行了调研，认真总结实践经验，参考有关国内标准和规范，并在广泛征求意见的基础上，完成了本标准的修订工作。

本标准的主要内容包括：总则、术语、基本规定、成品检测、质量验收。

本标准修订的主要内容包括：

1. 增加相关术语；

2. 增加橡胶防水材料的进场验收；

3. 修改了检测方法，与国内相关标准、工程需求相协调；

4. 增加质量验收章节；

5. 对标准的章节布局进行了调整，使结构更加合理。

各单位及相关人员在执行本标准过程中，如有意见或建议，请反馈至上海市交通委员会(地址：上海市世博村路 300 号 1 号楼；邮编：200125；E-mail：shjtbiaozhun@126.com)，上海建科检验有限公司《地下工程橡胶防水材料成品检测及工程应用验收标准》编委办公室(地址：上海市申富路 568 号 5 号楼 409 室；邮编：201108)，或上海市建筑建材业市场管理总站(地址：上海市小木桥路 683 号；邮编：200032；E-mail：bzglk@zjw.sh.gov.cn)，以供今后修订时参考。

主 编 单 位：上海建科检验有限公司

上海申通地铁集团有限公司

参 编 单 位：上海长宁橡胶制品厂有限公司

西北橡胶塑料研究设计院有限公司

江阴海达橡塑股份有限公司

主要起草人员：俞海勇 谢 丹 沈 军 郭 青 金 杰

鞠丽艳 崔 云 刘丽伟 张卫斌 陆 聪

沈晓钧 缪 怡 龚旻罡

主要审查人员：王金强 陆 明 贺鸿珠 钟伟荣 王宝海

沈丽华 傅 徽

上海市建筑建材业市场管理总站

目　次

Contents

1 总　则

1.0.1　为使本市地下工程橡胶防水材料成品质量符合标准规范、设计、施工和验收的要求，规范工程中使用的橡胶防水材料成品检测工作和现行工程质量，制定本标准。

1.0.2　本标准适用于本市采用明挖法、盾构法、沉管法、矿山法施工的市政及地下建筑工程使用的橡胶防水材料的成品质量检测及工程验收。

1.0.3　本市地下工程橡胶防水材料成品质量检测及工程验收除执行本标准外，尚应符合国家、行业和本市现行相关标准的规定。

2 术 语

2.0.1 三元乙丙弹性橡胶密封垫 EPDM gasket

由三元乙丙(EPDM)橡胶为主体材料制成,断面以多孔、多槽型居多,在现场粘贴于管片密封垫沟槽内,用于管片接缝防水的密封材料。

2.0.2 复合橡胶密封垫 composite gasket

由遇水膨胀橡胶材料和三元乙丙橡胶材料复合制成,用于大型盾构隧道接缝防水的密封材料。

2.0.3 遇水膨胀橡胶挡水条 hydrophilic expansion strip

由水溶性聚氨酯预聚体、丙烯酸钠高分子吸水性树脂等吸水性材料与天然、氯丁等橡胶制成的,设置于弹性橡胶密封垫迎水面的胶条。

2.0.4 遇水膨胀螺孔密封圈 hydrophilic expansion ring

由水溶性聚氨酯预聚体、丙烯酸钠高分子吸水性树脂等吸水性材料与天然、氯丁等橡胶制得的,可套在螺栓上,防止管片螺栓孔渗漏水的垫圈。

2.0.5 遇水膨胀橡胶腻子止水条 hydrophilic rubber putty strip

由水溶性聚氨酯预聚体、丙烯酸钠高分子吸水性树脂等吸水性材料与天然、氯丁等橡胶制得的,经密炼、混炼、挤制而成的,具有易粘结和遇水膨胀特性的条状密封材料。

2.0.6 自粘橡胶腻子薄片 self-adhesive rubber sheet

由未硫化丁基橡胶制成,粘贴于管片角部,拼装时起填平补齐缝隙,加强防水功效的橡胶腻子薄片。

2.0.7 软木橡胶垫片 cork-rubber gasket

由橡胶、软木和配合剂制成,在盾构法的隧道施工中用于传力和缓冲,起保护管片作用的衬垫。

2.0.8 橡胶止水带 rubber waterstop

以天然橡胶与各种合成橡胶为主要原料,掺加助剂及填充料,经塑炼、混炼等工艺制成,用于地下工程接缝防水的止水件。

2.0.9 自粘丁基橡胶钢板止水带 self-adhering butyl-rubber covered steel sheet waterstop

以镀锌钢板为芯材,双面涂覆自粘丁基橡胶,能与现浇混凝土紧密结合,具有密封防水功能的止水材料。

2.0.10 闭合压缩力 closed compression force

管片弹性橡胶密封垫完全压入密封沟槽时,单位长度密封垫上需要施加的压力。

3 基本规定

3.0.1 应根据设计要求对材料的质量证明文件进行检查，并应经监理工程师或建设单位代表确认，纳入工程技术档案。

3.0.2 应对材料的品种、规格、包装、外观和尺寸等进行检查验收，并应经监理工程师或建设单位代表确认，形成相应验收记录。

3.0.3 地下工程橡胶防水材料生产企业或供应商应有产品合格证书，并应提供1年内出具的符合本标准附录A规定的成品检测项目全部性能检验报告。

3.0.4 橡胶防水材料进场后，检验应执行见证取样送检制度，并应提供进场检验报告。橡胶防水材料进场检测项目技术指标要求应符合本标准附录A的规定；现场抽样成品数量应按本标准附录B的要求抽取，并按本标准附录A规定的验收项目进行检测；每个工程项目应至少进行1次全部性能要求的抽样检验。

3.0.5 进场检验报告的全部项目指标均达到本标准规定时，方可使用；未经检测或检测不合格的材料不得在工程中使用。若有1项指标不符合标准规定，应在受检产品中重新取样进行该项指标复验，复验结果符合标准规定，则判定该批材料为合格。

4 成品检测

4.1 一般规定

4.1.1 实验室标准试验条件应符合下列规定：

1 温度(23±2)℃、相对湿度(50±10)%。

2 所有被检成品样品和试验用器具均应在标准试验条件放置24h以上。

4.1.2 橡胶防水材料成品检测取样量应符合下列规定：

1 三元乙丙弹性橡胶密封垫：2整框。

2 遇水膨胀橡胶挡水条：3 m。

3 遇水膨胀螺孔密封圈：30个。

4 遇水膨胀橡胶腻子止水条：1 m。

5 自粘橡胶腻子薄片：1 m。

6 软木橡胶垫片：1 m。

7 橡胶止水带：2 m。

8 自粘丁基橡胶钢板止水带：2 m。

4.2 三元乙丙弹性橡胶密封垫

4.2.1 成品截面尺寸的检测应按现行国家标准《橡胶制品的公差 第1部分：尺寸公差》GB/T 3672.1的规定执行。均匀裁取5段长度为100 mm的橡胶密封垫成品，每段间隔至少500 mm，用精度为0.02 mm的游标卡尺和精度为1 mm钢卷尺进行测量，测量每个试件中间点截面的高度、脚部宽度、顶面宽度、最大宽度的尺寸(橡胶密封垫截面图见本标准附录 C),以 5 个试件的平均差值表示。

4.2.2 沟槽截面积与密封垫截面积之比的检测应按本标准附录 C 的方法执行,分别取 3 个截面中的内孔面积和总面积,计算沟槽截面积与密封垫截面积(总面积−内孔面积)之比,取 3 个试件的平均值作为结果。

4.2.3 外观质量的检测应用精度为 0.02 mm 的游标卡尺和精度为 1 mm 钢卷尺测量和目测方法检查。

4.2.4 硬度(邵尔 A)的检测应均匀裁取橡胶密封垫成品直条部位,裁成表面平整厚度为(2.0±0.5) mm 的薄片,并按现行国家标准《硫化橡胶或热塑性橡胶　压入硬度试验方法　第 1 部分:邵氏硬度计法(邵尔硬度)》GB/T 531.1 的规定执行,将 3 片试件叠加,在试件的两端和中间部分选取 3 点进行硬度测试,结果取 5 个试件的全部数值的中位值。

4.2.5 拉伸强度和拉断伸长率的检测应均匀裁取橡胶密封垫成品直条部位,裁成表面平整厚度为(2.0±0.5) mm 的薄片,并按现行国家标准《硫化橡胶或热塑性橡胶　拉伸应力应变性能的测定》GB/T 528 的规定执行,采用 2 型哑铃状试件,试件数量为 5 个。结果取 5 个试件的中位值。

4.2.6 压缩永久变形的检测应按现行国家标准《硫化橡胶或热塑性橡胶　压缩永久变形的测定　第 1 部分:在常温及高温条件下》GB/T 7759.1 执行,均匀裁取 5 段长度为 50 mm 的橡胶密封垫成品试件,按橡胶密封垫成品实际高度压缩 25%,其中高温下压缩永久变形按国家标准《硫化橡胶或热塑性橡胶　压缩永久变形的测定　第 1 部分:在常温及高温条件下》GB/T 7759.1—2015 中方法 A 执行。结果取 3 个试件的平均值。

4.2.7 热空气老化的检测应在橡胶密封垫成品直条部位均匀裁取,裁成表面平整厚度为(2.0±0.5) mm 的薄片,并按国家标准《高分子防水材料　第 4 部分:盾构法隧道管片用橡胶密封垫》

GB/T 18173.4—2010 中第 5.6 节规定的方法进行热老化处理。处理完后，按本标准第 4.2.4 条的规定执行。

4.2.8 含胶量应按现行国家标准《橡胶和橡胶制品　热重分析法测定硫化胶和未硫化胶的成分　第 1 部分：丁二烯橡胶、乙烯-丙烯二元和三元共聚物、异丁烯-异戊二烯橡胶、异戊二烯橡胶、苯乙烯-丁二烯橡胶》GB/T 14837.1 规定的方法执行。随机任取 3 段长度为 100 mm 的橡胶密封垫成品试件，结果取 3 个试件的平均值。

4.2.9 防霉性的检测应按现行国家标准《电工电子产品环境试验　第 2 部分：试验方法　试验 J 及导则：长霉》GB/T 2423.16 规定的方法执行。均匀裁取 3 段长度为 150 mm 的橡胶密封垫成品试件，裁成表面平整、厚度均匀的薄片进行检测。

4.2.10 闭合压缩力的检测应按国家标准《高分子防水材料　第 4 部分：盾构法隧道管片用橡胶密封垫》GB/T 18173.4—2010 附录 B 进行。以 50 mm/min 速度压缩试件，直至压缩间隙接近0 mm，读出的应力值即为闭合压缩力。

4.3　遇水膨胀橡胶挡水条

4.3.1 成品尺寸允差的检测应按现行国家标准《橡胶制品的公差　第 1 部分：尺寸公差》GB/T 3672.1 的规定执行，取 1 m 长的遇水膨胀橡胶挡水条成品，用精度为 0.02 mm 游标卡尺和精度为 1 mm 钢卷尺测量两端及中间均匀分布的 3 点尺寸，以 5 点的平均差值表示。

4.3.2 外观质量的检测应按本标准第 4.2.2 条的规定进行检查。

4.3.3 硬度的检测应均匀裁取遇水膨胀橡胶挡水条成品，磨去表面取芯样，按国家标准《高分子防水材料　第 3 部分：遇水膨胀橡胶》GB/T 18173.3—2014 中第 6.3.1 条的规定进行预处理，再按现行国家标准《硫化橡胶或热塑性橡胶　压入硬度试验方法　第

1 部分:邵氏硬度计法(邵尔硬度)》GB/T 531.1 的规定执行,在试件的中间部位进行测试,结果取 5 个试件的中位值。

4.3.4 拉伸强度和拉断伸长率的检测应均匀裁取遇水膨胀橡胶挡水条成品,磨去表面取芯样,按国家标准《高分子防水材料 第 3 部分:遇水膨胀橡胶》GB/T 18173.3—2014 中第 6.3.1 条的规定进行预处理。再按现行国家标准《硫化橡胶或热塑性橡胶 拉伸应力应变性能的测定》GB/T 528 的规定执行,采用 2 型哑铃状试件,试件数量为 5 个。结果取 5 个试件的中位值。

4.3.5 体积膨胀倍率的检测应均匀裁取遇水膨胀橡胶挡水条成品,磨去表面取芯样,按国家标准《高分子防水材料 第 3 部分:遇水膨胀橡胶》GB/T 18173.3—2014 中第 6.3.1 条的规定进行预处理。再按国家标准《高分子防水材料 第 3 部分:遇水膨胀橡胶》GB/T 18173.3—2014 中附录 A 的规定执行。结果取 3 个试件的平均值。

4.3.6 析出物的检测应将一段长 50 mm 的遇水膨胀橡胶挡水条成品浸入常温蒸馏水中 5 min,取出后目测表面有无明显的絮状物析出。

4.3.7 反复浸水试验的检测应均匀裁取 3 段长度为 100 mm 的遇水膨胀橡胶挡水条成品,磨去表面取芯样,裁成表面平整厚度为(2.0±0.5) mm 的薄片,取长度、宽度为(20.0±0.5) mm 的 3 个试件,按国家标准《高分子防水材料 第 3 部分:遇水膨胀橡胶》GB/T 18173.3—2014 中第 6.3.1 条的规定进行预处理。再按国家标准《高分子防水材料 第 3 部分:遇水膨胀橡胶》GB/T 18173.3—2014 中第 6.3.5 条的规定执行。

4.3.8 复合橡胶密封垫成品三元乙丙弹性橡胶按照本标准中第 4.2 节的检测方法执行,遇水膨胀橡胶按照本标准中第 4.3 节的检测方法执行。

4.4 遇水膨胀螺孔密封圈

4.4.1 外观质量应用目测方法检查。

4.4.2 体积膨胀倍率的检测应按本标准第 4.3.4 条的规定执行,从遇水膨胀螺孔密封圈成品上磨去表皮,裁取芯样检测。

4.4.3 析出物的检测应按本标准第 4.3.5 条的规定执行,取 1 个遇水膨胀螺孔密封圈成品检测。

4.4.4 反复浸水试验的检测应按本标准第 4.3.6 条的规定执行,从遇水膨胀螺孔密封圈成品上磨去表皮,裁取芯样检测,共 3 个试件。

4.5 遇水膨胀橡胶腻子止水条

4.5.1 外观质量应用目测方法检查。

4.5.2 体积膨胀倍率的检测应按国家标准《高分子防水材料　第 3 部分:遇水膨胀橡胶》GB/T 18173.3—2014 中附录 A 的规定执行。均匀裁取 3 段长度为 100 mm 的成品试件,结果取 3 个试件的算术平均值。

4.5.3 高温流淌性的检测应按国家标准《高分子防水材料　第 3 部分:遇水膨胀橡胶》GB/T 18173.3—2014 中第 6.3.7 条的规定执行。

4.5.4 低温试验的检测应按国家标准《高分子防水材料　第 3 部分:遇水膨胀橡胶》GB/T 18173.3—2014 中第 6.3.8 条的规定执行。

4.6 自粘橡胶腻子薄片

4.6.1 外观质量应用目测方法检查。

4.6.2 剪切粘结强度的检测应按现行国家标准《硫化橡胶 与金属粘接拉伸剪切强度测定方法》GB/T 13936 的规定进行。基材采用 2A12-T4 铝合金板，长度为(100.0±0.2) mm，宽度为(25.0±0.2) mm。均匀裁取(25.0±0.2) mm×(12.5±0.5) mm 试样 5 片，不得沾染污物，将试样小心从隔离纸上取下粘合在两块铝合金板材之间，粘合面积为(25.0±0.2) mm×(12.5±0.2) mm，共制备 5 个试件。用质量为 2 kg、宽度为(50～60) mm 的压辊反复滚压 3 次，在标准试验环境下放置 72 h。量取粘合面的长度和宽度，精确至 0.05 mm。拉伸速度为(50±5) mm/min。结果取 5 个试件的算术平均值。

4.7 软木橡胶垫片

4.7.1 外观质量应用目测方法检查。

4.7.2 硬度(邵尔 A)的检测应均匀裁取软木橡胶成品试样，按现行国家标准《硫化橡胶或热塑性橡胶 压入硬度试验方法 第 1 部分：邵氏硬度计法(邵尔硬度)》GB/T 531.1 的规定执行，在试件的中间部位进行硬度测试，结果取 5 个试件的中位值。

4.7.3 拉伸强度和拉断伸长率的检测应均匀裁取软木橡胶成品试样，按现行国家标准《硫化橡胶或热塑性橡胶 拉伸应力应变性能的测定》GB/T 528 规定的方法执行，采用 2 型哑铃状试件，试件数量为 5 个，结果取 5 个试件的中位值。

4.8 橡胶止水带

4.8.1 外观质量应按本标准第 4.2.2 条的规定进行检查。

4.8.2 硬度的检测应均匀裁取止水带试件，按现行国家标准《硫化橡胶或热塑性橡胶 压入硬度试验方法 第 1 部分：邵氏硬度计法(邵尔硬度)》GB/T 531.1 的规定执行，在试件的中间部位进行硬度测试，结果取 5 个试件的中位值。

4.8.3 拉伸强度和拉断伸长率的检测应均匀裁取止水带试件，按现行国家标准《硫化橡胶或热塑性橡胶　拉伸应力应变性能的测定》GB/T 528 的规定执行，采用 2 型哑铃状试件，试件数量为 5 个。当测接头部位拉伸强度时，应保证接头部位位于 2 型哑铃型试样狭窄部分试验长度之内（止水带接头部位的拉伸强度指标应不低于规定指标值的 80%）。结果取 5 个试件的中位值。

4.8.4 压缩永久变形的检测应均匀裁取长度为 100 mm 的 5 个止水带试件，按国家标准《硫化橡胶或热塑性橡胶　压缩永久变形的测定　第 1 部分：在常温及高温条件下》GB/T 7759.1—2015 中 B 型试件进行检测，压缩率为 25%，其中高温下压缩永久变形按国家标准《硫化橡胶或热塑性橡胶　压缩永久变形的测定　第 1 部分：在常温及高温条件下》GB/T 7759.1—2015 中方法 A 执行。结果取 3 个试件的算术平均值。

4.8.5 撕裂强度的检测应按现行国家标准《硫化橡胶或热塑性橡胶撕裂强度的测定（裤形、直角形和新月形试样）》GB/T 529 的规定执行，均匀裁取止水带试件，采用无割口直角形试件，试件数量为 5 个。

4.8.6 脆性温度的检测应按现行国家标准《硫化橡胶或热塑性橡胶　低温脆性的测定（多试样法）》GB/T 15256 的规定执行。试样为 A 型，按程序 A 进行检测。

4.8.7 热空气老化的检测应均匀裁取止水带试件，按现行国家标准《硫化橡胶或热塑性橡胶　热空气加速老化和耐热试验》GB/T 3512 规定的方法进行热老化处理后，硬度按现行国家标准《硫化橡胶或热塑性橡胶　压入硬度试验方法　第 1 部分：邵氏硬度计法（邵尔硬度）》GB/T 531.1 的规定执行，拉伸强度和拉断伸长率按现行国家标准《硫化橡胶或热塑性橡胶　拉伸应力应变性能的测定》GB/T 528 的规定执行，采用 2 型哑铃状试件，试件数量为 5 个。

4.8.8 臭氧老化的检测应按国家标准《硫化橡胶或热塑性橡胶

耐臭氧龟裂静态拉伸试验》GB/T 7762—2014 中方法 A 的规定进行。采用宽试样，臭氧浓度为 50×10^{-8}，试样拉伸应变为 20%，试验条件为(40±2) ℃，保持 48 h，观察试件有无龟裂。

4.8.9 橡胶与金属粘合的检测应按国家标准《高分子防水材料 第 2 部分：止水带》GB/T 18173.2—2014 中第 5.3.9 条的规定执行，从钢板止水带上直接裁取宽度为(20±1)mm 的试件，橡胶与钢板粘合的长度为成品的实际尺寸，共 5 个试件。

4.8.10 橡胶与帘布的粘合强度的检测应按现行国家标准《硫化橡胶或热塑性橡胶与织物粘合强度的测定》GB/T 532 的规定进行。结果取 3 个试件的中位值。

4.9 自粘丁基橡胶钢板止水带

4.9.1 外观质量应用目测方法检查。

4.9.2 橡胶层不挥发物含量的检测应按国家标准《建筑防水涂料试验方法》GB/T 16777—2008 的规定执行。从镀锌钢板表面刮取大约 10 g 丁基橡胶，试验温度(120±2) ℃，保持 3 h。结果取 2 个试件的平均值。

4.9.3 橡胶层低温柔性的检测应按国家标准《高分子防水材料 第 1 部分：片材》GB/T 18173.1—2012 附录 B 的规定执行。橡胶表面无防粘隔离膜的朝外，试验温度(−40±2) ℃，保持 1 h。

4.9.4 橡胶层耐热性的检测应按国家标准《建筑防水卷材试验方法 第 11 部分：沥青防水卷材 耐热性》GB/T 328.11—2007 中方法 B 的规定执行。试验温度(90±2) ℃，保持 2 h。将连带钢板试件用两个回形针夹住短边，并排悬挂在鼓风烘箱中进行试验，结束观察试件有无滑移、流淌、滴落、集中性气泡。

4.9.5 止水带搭接剪切强度应按下列方法执行：

1 无处理

在(23±2) ℃条件下，按现行国家标准《建筑防水卷材试验方

法　第22部分:沥青防水卷材　接缝剪切性能》GB/T 328.22的规定进行,将一块试件与另一块试件剥除防粘材料后进行粘结,粘合面为(50×70)mm,用质量为2kg、宽度为(50～60)mm的压辊反复滚压3次,粘合后放置(24±1)h。拉伸速率(100±10)mm/min,取最大力值除以试件宽度作为试件的剪切强度,试验结果取5个试件结果的算术平均值。

2　加热处理

将试件揭除需要粘结表面的防粘材料后,在(80±2)℃的鼓风烘箱中放置(168±2)h,取出在室温下放置30 min,再按本条第1款的规定进行。

4.9.6　与后浇砂浆正拉粘结强度的检测应按下列方法执行:

砂浆配合比为:42.5级普通硅酸盐水泥:ISO标准砂:水=1:2:0.4(质量比)。

1　无处理

试件粘结面尺寸为(40×40)mm。裁取尺寸为(70×70)mm的5个试件,除去表面的防粘材料,粘结面朝上平放在砂浆模具底部,再将砂浆拌合物倒入内框尺寸为(40×40×20)mm的方形模具中,用捣棒插捣密实后抹平。在标准试验条件下放置24 h后脱模,在养护箱中养护7 d。去除砂浆试件表面的浮浆,按国家标准《建筑防水涂料试验方法》GB/T 16777—2008中第7章A法的规定,用环氧树脂胶粘剂粘结在砂浆试块背面的粘结拉拔头。在室温下养护24 h后再进行拉拔试验,拉伸速度(100±10)mm/ min。取最大力值为拉力,计算正拉粘结强度,并记录破坏形式。试验结果取5个试件结果的算术平均值,结果精确到0.01 MPa。

2　浸水处理

将揭除表面防粘材料后的试件浸入(23±2)℃的水中(168±2)h,在标准试验条件下取出自然晾干至表面无明水,再按本条第1款的规定进行制样及试验。

3 碱处理

将揭除表面防粘材料后的试件浸入(23±2) ℃的饱和氢氧化钙水溶液中(168±2)h,取出用流动水冲洗后,在标准试验条件下自然晾干至表面无明水,再按本条第 1 款的规定进行制样及试验。

4 热处理

将揭除试件表面防粘材料后的试件水平放入(80±2) ℃烘箱中(168±2)h,取出在(23±2) ℃室内放置 24 h,再按本条第 1 款的规定进行制样及试验。

5 质量验收

5.1 成品检验

5.1.1 本标准附录A所列全部技术要求为成品检验项目。

5.1.2 橡胶防水材料工程验收检验主控项目应包括以下内容：

1 三元乙丙弹性橡胶密封垫：硬度（邵尔A）、拉伸强度、拉断伸长率、压缩永久变形、热空气老化、防霉性。

2 遇水膨胀橡胶挡水条：硬度（邵尔A）、拉伸强度、拉断伸长率、体积膨胀倍率、反复浸水试验。

3 遇水膨胀螺孔密封圈：体积膨胀倍率、反复浸水试验。

4 遇水膨胀橡胶腻子止水条：体积膨胀倍率、高温流淌性、低温试验。

5 自粘橡胶腻子薄片：剪切粘结强度。

6 软木橡胶垫片：硬度、拉伸强度、拉断伸长率。

7 橡胶止水带：硬度（邵尔A）、拉伸强度、拉断伸长率、压缩永久变形、撕裂强度、脆性温度、热空气老化、臭氧老化、橡胶与金属粘合、橡胶与帘布粘合强度。

8 自粘丁基橡胶钢板止水带：橡胶层不挥发物含量、橡胶层低温柔性、橡胶层耐热性、止水带间剪切强度、与后浇砂浆粘结强度。

5.1.3 橡胶防水材料工程验收检验一般项目应包括以下内容：

1 三元乙丙弹性橡胶密封垫：成品截面尺寸、外观质量、含胶量、闭合压缩力。

2 遇水膨胀橡胶挡水条：成品尺寸允差、外观、析出物。

3 遇水膨胀螺孔密封圈:成品外观、析出物。

4 遇水膨胀橡胶腻子止水条:成品外观。

5 自粘橡胶腻子薄片:成品外观。

6 软木橡胶垫片:成品外观。

7 橡胶止水带:成品外观。

8 自粘丁基橡胶钢板止水带:成品外观。

5.2 工程验收

5.2.1 地下工程橡胶防水材料的品种、规格、性能等必须符合国家和本市现行产品标准和设计要求。

5.2.2 应由经过省级以上建设行政主管部门对其资质认可和市场监督管理部门对其资质认定的质量检测单位检测橡胶防水材料成品质量,并出具产品的成品性能检验报告。

5.2.3 地下工程橡胶防水材料质量验收应符合现行国家标准《地下防水工程质量验收规范》GB 50208、《建筑工程施工质量验收统一标准》GB 50300 的相关规定。

5.2.4 地下防水工程橡胶防水材料验收时,应提交下列技术资料并归档:橡胶防水材料的产品合格证、质量检验报告、进场抽检复验报告、观感质量检查记录。

附录 A　地下工程用橡胶防水材料成品的质量指标

A.1　三元乙丙弹性橡胶密封垫

A.1.1　三元乙丙弹性橡胶密封垫成品截面尺寸应符合表 A.1.1 的规定。

表 A.1.1　三元乙丙弹性橡胶密封垫成品截面尺寸

序号	项目		指标
1	成品截面尺寸允差/mm	高度	规定值$^{+0.5}_{0}$
		脚部宽度	规定值$^{0}_{-1.0}$
		顶面宽度	规定值$^{+1.0}_{0}$
		最大宽度	规定值$^{+1.0}_{-1.0}$
2	沟槽截面积与密封垫面积之比		1.00～1.15

A.1.2　三元乙丙弹性橡胶密封垫成品外观质量应符合表 A.1.2 的规定。

表 A.1.2　三元乙丙弹性橡胶密封垫成品外观质量

缺陷名称	质量要求	
	工作面部分	非工作面部分
气泡	直径在 0.50 mm～1.00 mm 的气泡，每米不应超过 3 处	直径在 1.00 mm～2.00 mm 的气泡，每米不应超过 4 处
杂质	面积在 2 mm^2～4 mm^2 的杂质，每米不应超过 3 处	面积在 4 mm^2～8 mm^2 的杂质，每米不应超过 3 处
接头缺陷	不应有裂口及海绵状现象，高度在 1.00 mm～1.50 mm 的凸起	不应有裂口及海绵状现象，高度在 1.00 mm～1.50 mm 的凸起

续表A.1.2

缺陷名称	质量要求	
	工作面部分	非工作面部分
凹痕	深度不超过0.50 mm，面积3 mm^2～8 mm^2的凹痕，每米不应超过2处	深度不超过1.00 mm，面积5 mm^2～10 mm^2的凹痕，每米不应超过4处
中孔偏心	中心孔周边对称部位厚度差不应超过1 mm	

A.1.3 三元乙丙弹性橡胶密封垫成品物理性能应符合表A.1.3的规定。

表A.1.3 三元乙丙弹性橡胶密封垫成品物理性能

序号	项目		指标
1	硬度(邵尔A)/度		65±5
2	拉伸强度/MPa		≥10
3	拉断伸长率/%		≥330
4	压缩永久变形/%	70 ℃×24 h,25%	≤25
		23 ℃×72 h,25%	≤15
5	热空气老化(70 ℃×96 h)	硬度变化(邵尔A)(度)	≤6
		拉伸强度降低率(%)	≤15
		拉断伸长率降低率(%)	≤30
6	含胶量/%		≥30
7	防霉性/级		0～1
8	闭合压缩力/(kN/m)		按设计指标

A.1.4 复合橡胶密封垫成品中三元乙丙橡胶的物理性能应符合表A.1.3的规定，遇水膨胀橡胶物理性能应符合表A.2.3的规定。

A.2 遇水膨胀橡胶挡水条

A.2.1 遇水膨胀橡胶挡水条成品尺寸允差应符合表A.2.1的规定。

表 A.2.1　遇水膨胀橡胶挡水条成品尺寸允差

序号	项目		指标
1	成品尺寸允差/mm	高度	规定值$^{+0.5}_{0}$
		宽度	规定值$^{+1.0}_{0}$

A.2.2　遇水膨胀橡胶挡水条成品外观不应有开裂、缺胶等影响使用的缺陷。

A.2.3　遇水膨胀橡胶挡水条成品物理性能应符合表 A.2.3 的规定。

表 A.2.3　遇水膨胀橡胶挡水条成品物理性能

序号	项目		指标
1	硬度(邵尔 A)/度		42±10
2	拉伸强度/MPa		≥3.5
3	拉断伸长率/%		≥450
4	体积膨胀倍率/%		≥200
5	析出物(浸水 5min 后)		无
6	反复浸水试验	拉伸强度/MPa	≥3.0
		拉断伸长率/%	≥350
		体积膨胀倍率/%	≥200

A.3　遇水膨胀螺孔密封圈

A.3.1　遇水膨胀螺孔密封圈成品外观不应有开裂、缺胶等影响使用的缺陷。

A.3.2　遇水膨胀螺孔密封圈成品物理性能要求应符合表 A.3.2 的规定。

表 A.3.2　遇水膨胀螺孔密封圈成品物理性能

序号	项目		指标
1	体积膨胀倍率/%		≥200
2	析出物(浸水 5 min 后)		无
3	反复浸水试验	体积膨胀倍率/%	≥200

A.4　遇水膨胀橡胶腻子止水条

A.4.1　遇水膨胀橡胶腻子止水条成品外观不应有开裂、缺胶等影响使用的缺陷。

A.4.2　遇水膨胀橡胶腻子止水条成品物理性能应符合表 A.4.2 的规定。

表 A.4.2　遇水膨胀橡胶腻子止水条成品物理性能

序号	项目	指标		
		PN-150	PN-220	PN-300
1	体积膨胀倍率/%	≥150	≥220	≥300
2	高温流淌性(80 ℃×5 h)	无流淌		
3	低温试验(−20 ℃×2 h)	无脆裂		

A.5　自粘橡胶腻子薄片

A.5.1　自粘橡胶腻子薄片成品外观不应有开裂、缺胶等影响使用的缺陷。

A.5.2　自粘橡胶腻子薄片成品切片物理性能应符合表 A.5.2 的规定。

表 A.5.2　自粘橡胶腻子薄片成品切片物理性能

序号	项目	指标
1	剪切粘结强度/MPa	≥0.06

A.6 软木橡胶垫片

A.6.1 软木橡胶垫片成品外观不应有开裂、缺胶等影响使用的缺陷。

A.6.2 软木橡胶垫片成品物理性能应符合表 A.6.2 的规定。

表 A.6.2 软木橡胶垫片成品物理性能

序号	项目	指标	
		纵缝、环缝	变形缝
1	硬度(邵尔 A)/度	70±5	≥90
2	拉伸强度/MPa	≥1.5	≥3.2
3	拉断伸长率/%	≥45	≥25

A.7 橡胶止水带

A.7.1 橡胶止水带成品外观应符合下列要求：

1 无开裂、海绵状等缺陷。

2 止水带中心孔允许偏差不宜超过壁厚设计值的 1/3。

3 在 1 m 长度范围内，止水带成品表面深度不大于 2 mm、面积应不大于 10 mm^2 的凹痕、气泡、杂质、明疤等缺陷不得超过 3 处。

A.7.2 橡胶止水带成品物理性能应符合表 A.7.2 的规定。

表 A.7.2 橡胶止水带成品物理性能

序号	项目	指标		
		B，S[a]	JX[a]	JY[a]
1	硬度(邵尔 A)/度	60±5	60±5	40～70[b]
2	拉伸强度/MPa	≥10	≥16	≥16

续表A.7.2

序号	项目		指标		
			B，S[a]	JX[a]	JY[a]
3	拉断伸长率/%		≥380	≥400	≥400
4	压缩永久变形/%	70 ℃×24 h，25%	≤35	≤30	≤30
		23 ℃×168 h，25%	≤20	≤20	≤15
5	撕裂强度/(kN/m)		≥30	≥30	≥20
6	脆性温度/℃		≤−45	≤−40	≤−50
7	热空气老化 70 ℃×168 h	硬度变化(邵尔 A)/度	≤8	≤6	≤10
		拉伸强度/MPa	≥9	≥13	≥13
		拉断伸长率/%	≥300	≥320	≥300
8	臭氧老化:浓度 50×10^{-8} 拉伸 20%,(40±2) ℃×48 h		无裂纹		
9	橡胶与金属粘合[c]		橡胶间破坏	—	—
10	橡胶与帘布粘合强度[d]/(N/mm)		—	5	—

注:a B表示变形缝用止水带;S表示施工缝用止水带;JX表示沉管隧道接头缝可卸式止水带;JY表示沉管隧道接头缝压缩式止水带。

b 该橡胶硬度范围为推荐值,供不同沉管隧道工程JY类止水带设计参考使用。

c 橡胶与金属粘合项仅适用于与钢边复合的止水带。

d 橡胶与帘布粘合强度项仅适用于与帘布复合的JX类止水带。

A.7.3 遇水膨胀复合止水带中的遇水膨胀橡胶应按A.2节的规定执行。

A.8 自粘丁基橡胶钢板止水带

A.8.1 自粘丁基橡胶钢板止水带成品外观应平直,表面自粘橡胶层厚度应均匀,无明显色差,无鼓包,镀锌钢板无外露。

A.8.2 自粘丁基橡胶钢板止水带成品物理性能要求应符合表A.8.2的规定。

表 A.8.2　自粘丁基橡胶钢板止水带成品物理性能

序号	项目		指标
1	橡胶层不挥发物含量/%		≥98
2	橡胶层低温柔性(−40 ℃)		无裂纹
3	橡胶层耐热性(90 ℃,2 h)		无滑移、无流淌、无滴落、无集中性气泡
4	止水带搭接剪切强度/(N/mm)	无处理	≥3.5,且橡胶层内聚破坏
		热老化(80 ℃,168 h)	≥3.0,且橡胶层内聚破坏
5	与后浇砂浆正拉粘结强度/MPa	无处理	≥0.20,且橡胶层内聚破坏
		浸水处理(23 ℃,168h)	≥0.20,且橡胶层内聚破坏
		碱处理[饱和 $Ca(OH)_2$ 溶液浸泡,168 h]	≥0.20,且橡胶层内聚破坏
		热处理(80 ℃,168 h)	≥0.20,且橡胶层内聚破坏

附录B　地下工程用橡胶防水材料进场抽样检验

B.1　组批与抽样

B.1.1　三元乙丙橡胶弹性密封垫

以同标段、同品种、同规格的300环橡胶密封垫为一批，从每批中随机抽取3环进行外观质量的检验，在上述合格的样品中随机抽取2整框进行物理性能的检验。

B.1.2　遇水膨胀橡胶挡水条

以同标段、同品种、同规格的1 000 m为一批(不足1 000 m按一批计)，抽取1%进行外观质量检验，并在任意1 m处随机取3点进行规格尺寸检验，在上述合格的样品中随机抽取3 m进行物理性能检验。

B.1.3　遇水膨胀螺孔密封圈

以同品种、同规格的300个为一批，每批随机抽取1袋(至少30个)，每批从外观质量合格的样品中进行物理性能检验。

B.1.4　遇水膨胀橡胶腻子止水条

以同标段、同品种、同规格的1 000 m为一批(不足1 000 m按一批计)，抽取1%进行外观质量检验，每批随机抽取1根，裁取1 m进行物理性能检验。

B.1.5　自粘橡胶腻子薄片

以同标段、同品种、同规格的1 000 m为一批(不足1 000 m按一批计)，每批从外观质量合格的样品中随机抽取1 m进行物理性能检验。

B.1.6　软木橡胶垫片

以同标段、同品种、同规格的500环为一批(不足500环按一批计),每批从外观质量合格的样品中随机抽取1 m进行物理性能检验。

B.1.7 橡胶止水带

以同标段、同品种、同规格的5 000 m为一批(不足5 000 m按一批计),每批从外观质量合格的样品中随机抽取2 m进行物理性能检验。

B.1.8 自粘丁基橡胶钢板止水带

以同标段、同品种、同规格的2 000 m为一批(不足2 000 m按一批计),每批从外观质量合格的样品中随机抽取2 m进行物理性能检验。

B.2 判定规则

B.2.1 外观质量、尺寸、防霉性、析出物、高温流淌性、低温试验、脆性温度、臭氧老化、橡胶与金属粘合、橡胶层低温柔性、橡胶层耐热性项目,所有试件全部符合本标准附录A规定的技术性能时,则判该项合格;若有1个试件不符合规定的,则判不合格。

B.2.2 硬度、拉伸强度、拉断伸长率、撕裂强度取中位值,中位值符合本标准附录A规定的标准技术性能时,则判该项合格。

B.2.3 压缩永久变形、含胶量、闭合压缩力、体积膨胀倍率、剪切粘结强度、橡胶与帘布粘合强度、橡胶层不挥发物含量、与后浇砂浆粘结强度以算术平均值符合本标准附录A规定的技术性能时,则判该项合格。

B.2.4 反复浸水试验、热空气老化所有项目符合本标准附录A规定的技术性能时,则判该项合格。

B.2.5 全部试验结果符合本标准附录A规定的技术性能要求,则判该批成品合格;若有2项或2项以上不符合本标准附录A性能要求的,则判该批产品不合格。若检验结果中仅有1项指标不符合本标准技术要求的，应在同批次产品中另取双倍试样进行该项复检，复检结果合格，则判该批成品为合格。复检结果仍不合格的，则判该批成品为不合格。

附录C 沟槽截面积与密封垫沟槽截面积之比的试验方法

C.0.1 试验仪器

正影投影仪：测量范围(250×150)mm，精度 0.5 μm。

C.0.2 试件制备

将密封垫成品切割成(5±1)mm 厚平整的断面薄片，应垂直切割保证上下断面的平行。如图 C.0.2 所示，裁取 3 个试件。置于标准试验条件下 24 h 以后进行测试。

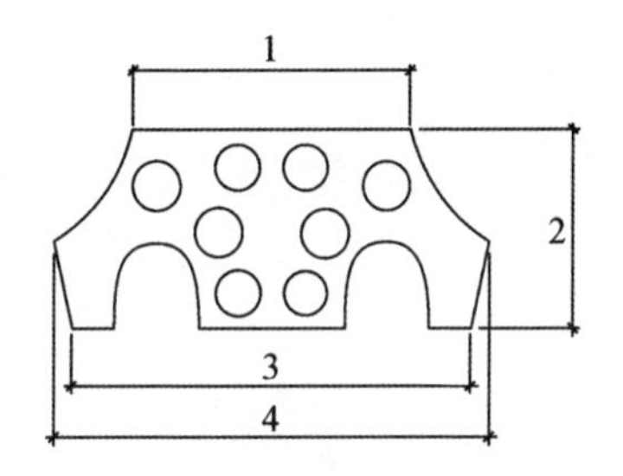

1—顶面宽度；2—高度；3—脚部宽度；4—最大宽度

图 C.0.2 上海地区地铁区间盾构隧道三元乙丙弹性橡胶密封垫截面形式

C.0.3 断面尺寸的试验步骤

开启电源，打开电脑中专用程序，并调节好正影投影仪焦距。将已完成加工的(5±1)mm 厚密封垫断面薄片放置在投影仪操作台上，调节 Z 轴，使薄片上表面完全与镜头垂直。确认密封垫薄片边缘清晰，调节 X 轴方向，使之与密封垫下表面重合，再调节 Y 轴，使坐标零点与密封垫左下角对齐，确认零点。操作 M2D 影像仪专用软件，沿密封垫边缘作图，量取各个数据，画出外缘图。

再依次作图,画出 8 个圆的孔径边缘。将画好的完整断面图输入到 AutoCAD,计算出密封垫宽度,高度,孔洞等数据,并计算出净面积;与设计断面进行对比,计算净面积与设计断面面积的比值,取 3 个试件的平均值作为结果。

本标准用词说明

1 为便于在执行本标准条文时区别对待，对要求严格程度不同的用词说明如下：

1）表示很严格，非这样做不可的用词：
正面词采用“必须”；
反面词采用“严禁”。

2）表示严格，在正常情况下均应这样做的用词：
正面词采用“应”；
反面词采用“不应”或“不得”。

3）表面允许稍有选择，在条件许可时首先应这样做的用词：
正面词采用“宜”；
反面词采用“不宜”。

4）表示有选择，在一定条件下可以这样做的用词，采用“可”。

2 条文中指明应按其他有关标准执行的写法为“应符合……的规定”或“应按……执行”。

引用标准名录

1 《建筑防水卷材试验方法　第11部分：沥青防水卷材耐热性》GB/T 328.11

2 《建筑防水卷材试验方法　第22部分：沥青防水卷材接缝剪切性能》GB/T 328.22

3 《硫化橡胶或热塑性橡胶拉伸应力应变性能的测定》GB/T 528

4 《硫化橡胶或热塑性橡胶撕裂强度的测定(裤形、直角形和新月形试样)》GB/T 529

5 《硫化橡胶或热塑性橡胶　压入硬度试验方法　第1部分：邵氏硬度计法(邵尔硬度)》GB/T 531.1

6 《硫化橡胶或热塑性橡胶与织物粘合强度的测定》GB/T 532

7 《电工电子产品环境试验　第2部分：试验方法　试验J及导则：长霉》GB/T 2423.16

8 《硫化橡胶或热塑性橡胶　热空气加速老化和耐热试验》GB/T 3512

9 《橡胶制品的公差　第1部分：尺寸公差》GB/T 3672.1

10 《硫化橡胶或热塑性橡胶　压缩永久变形的测定　第1部分：在常温及高温条件下》GB/T 7759.1

11 《硫化橡胶或热塑性橡胶　耐臭氧龟裂　静态拉伸试验》GB/T 7762

12 《硫化橡胶　与金属粘接拉伸剪切强度测定方法》GB/T 13936

13 《橡胶和橡胶制品　热重分析法测定硫化胶和未硫化胶的成分　第1部分:丁二烯橡胶、乙烯-丙烯二元和三元共聚物、异丁烯-异戊二烯橡胶、异戊二烯橡胶、苯乙烯-丁二烯橡胶》GB/T 14837.1

14 《硫化橡胶或热塑性橡胶　低温脆性的测定(多试样法)》GB/T 15256

15 《建筑防水涂料试验方法》GB/T 16777

16 《高分子防水材料　第1部分:片材》GB/T 18173.1

17 《高分子防水材料　第2部分:止水带》GB/T 18173.2

18 《高分子防水材料　第3部分:遇水膨胀橡胶》GB/T 18173.3

19 《高分子防水材料　第4部分:盾构法隧道管片用橡胶密封垫》GB/T 18173.4

20 《地下防水工程质量验收规范》GB 50208

21 《建筑工程施工质量验收统一标准》GB 50300

上海市工程建设规范

地下工程橡胶防水材料成品检测及工程应用验收标准

DG/TJ 08—2132—2020

J 12475—2020

条 文 说 明

2020 上海

目　次

Contents

1 总 则

1.0.1 地下防水工程是地下施工工程中的重中之重,其质量对盾构隧道等地下工程的耐久性有重要影响。地下工程用橡胶防水材料成品的质量控制,应从产品的原材料质量控制着手,规范产品的配方和工艺要求,严格执行实际工程中使用的成品检验标准,而不应用标准片的检测来代替成品的检测,并对标识、包装、存储、运输等影响产品性能的各个环节作出具体的规定。

3　基本规定

本章为新增条文。

材料进场验收是把好材料合格关的重要环节，本章给出了橡胶防水材料进场验收的具体规定。

按照国家标准《建设工程监理规范》GB 50319—2013 第 5.2.9 条的规定，项目监理机构应审查施工单位报送的用于工程的材料、构配件、设备的质量证明文件，并应按有关规定、建设工程监理合同约定，对用于工程的材料进行见证取样，平行检测。项目监理机构对已进场经检验不合格的工程材料、构配件、设备，应要求施工单位限期将其撤出施工现场。

进场的橡胶防水材料采用成品取样检测；应按本标准附录 B 的规定进行抽样检验，并按本标准附录 A 的验收项目出具进场检验报告。且要求物理性能检验项目全部指标达到标准时，即为合格；若有 1 项指标不符合标准规定时，应在受检产品中重新取样进行该项指标复验，复验结果符合标准规定，则判定该批材料合格。检验中若有 2 项或 2 项以上指标达不到标准规定时，则判该批产品为不合格。

4 成品检测

4.1 一般规定

4.1.1 本条文无修改。为了更准确、科学的进行成品检测工作，规定了标准试验条件，且所有被检成品样品和试验用器具均应在标准试验条件下至少放置 24 h。

4.1.2 为了保证施工质量，规定了所有橡胶成品外观质量应满足使用要求。

4.2 三元乙丙弹性橡胶密封垫

4.2.1～4.2.5 弹性橡胶密封垫为环型，有一定的弧度，取样时，尽量分散均匀取样，以提高数据的代表性。弹性橡胶密封垫是多孔结构，无法直接测得截面积，采用投影的方法，间接获得外表面面积和内孔面积。考虑到产品切片后的薄片需要变形恢复时间，故设置了 24 h 后测试。因为成品尺寸原因，采用现行国家标准《硫化橡胶或热塑性橡胶　拉伸应力应变性能的测定》GB/T 528 中 2 型哑铃状试件进行拉伸强度和拉断伸长率检测。

4.2.6 本条增加了 23 ℃压缩永久变形测试。国家标准《高分子防水材料　第 4 部分：盾构法隧道管片用橡胶密封垫》GB/T 18173.4—2010 中压缩永久变形有 23 ℃时测试要求，工程实际中也有该项要求，应该予以增加。压缩永久变形检测方法是指将已知高度的试样，按压缩率 25％要求压缩，在规定的温度条件下保持一定时间，然后解除压缩，将试样在自由状态下恢复，测量试样的高度。由于成品不规则，可检测的有效厚度制备较困难，现改为按国家标准《硫化橡胶或热塑性橡胶　压缩永久变形的测定　第1部分：在常温及高温条件下》GB/T 7759.1—2015中方法A用成品直接进行压缩永久变形试验。

4.3　遇水膨胀橡胶挡水条

4.3.1～4.3.7　本次将“膨胀粉析出”修订为“析出物”。其他项目无修改。遇水膨胀橡胶挡水条的成品厚度一般在4 mm以上，试验时需要裁取厚度约为(2.0±0.5)mm的薄片，按国家标准《高分子防水材料　第3部分：遇水膨胀橡胶》GB/T 18173.3—2014中6.3.1的规定进行预处理后再进行硬度、拉伸强度和拉断伸长率，体积膨胀倍率，反复浸水等试验。

4.4　遇水膨胀螺孔密封圈

4.4.1～4.4.4　为更切合工程要求，名称改为“遇水膨胀螺孔密封圈”。实际工程中，由于遇水膨胀螺孔密封圈截面小且不规则，很难测定邵尔硬度，故删除硬度项目。注意成品要按国家标准《高分子防水材料　第3部分：遇水膨胀橡胶》GB/T 18173.3—2014中第6.3.1条的规定先预处理后才可进行体积膨胀倍率、反复浸水试验。

4.5　遇水膨胀橡胶腻子止水条

4.5.1～4.5.4　此类材料用处较少，可完全参照国家标准《高分子防水材料　第3部分：遇水膨胀橡胶》GB/T 18173.3—2014进行试验，故无修改。遇水膨胀橡胶腻子止水条应直接取成品按国家标准《高分子防水材料　第3部分：遇水膨胀橡胶》GB/T 18173.3—

2014 中的相关规定进行检测,不需要预处理。

4.6 自粘橡胶腻子薄片

4.6.1～4.6.2 本条剪切粘结强度按现行国家标准《硫化橡胶 与金属粘接拉伸剪切强度测定方法》GB/T 13936 规定的方法进行检测,但要注意粘合面积为$(25\times12.5)\mathrm{mm}^2$,共制备 5 个试件,拉伸速度为50 mm/min,计算 5 个试件的平均值。

4.7 软木橡胶垫片

4.7.1～4.7.3 名称去掉“丁腈”二字;软木橡胶垫片中依据国家标准《盾构法隧道管片用软木橡胶封垫》GB/T 31061—2014 的要求,删去了“拉断永久变形”,增加了环缝软木胶垫。为了保证检测数据的均匀性,应从 1 m 长的软木橡胶垫片上均匀裁取(120×25)mm 试样 10 片。拉伸强度和拉断伸长率按现行国家标准《硫化橡胶或热塑性橡胶 拉伸应力应变性能的测定》GB/T 528 规定的方法进行,采用 2 型哑铃状试件,试件数量为 5 个。

4.8 橡胶止水带

4.8.1～4.8.8 参照国家标准《高分子防水材料 第 2 部分:止水带》GB/T 18173.2—2014 进行试验。硬度、压缩永久变形、脆性温度项目的试件可从成品上裁取试件后直接按相关方法进行试验,硬度、压缩永久变形项目若试件厚度不符合规定要求,可将几层试件叠加后进行试验;拉伸强度和拉断伸长率、撕裂强度、热空气老化、臭氧老化项目的试件均需要裁取厚度为(2.0±0.5)mm 的薄片,然后按相关检测方法进行试验。其中,臭氧老化试件采用符合国家标准《硫化橡胶或热塑性橡胶 拉伸应力应变性能的测定》GB/T 528—2009 中 1 型哑铃试件，预拉伸狭窄部分伸长 20%，试验时间为48 h，试验结束后观察试件有无龟裂。

4.9 自粘丁基橡胶钢板止水带

4.9.1～4.9.6 为新增条文。外观采用目测观察。不挥发物为直接从橡胶层取样测定含量。低温柔性和耐热性直接采用成品测试。止水带搭接剪切强度、与后浇砂浆正拉粘结强度均需揭除试件表面的防粘材料后测试。

5 质量验收

5.1 成品检验

5.1.1～5.1.3 为新增条文。对成品检验项目和工程验收项目分别作了要求。

根据检验项目的重要程度区分了主控项目和一般项目。所列主控项目均是为了保证防水施工质量而设置的。

5.2 工程验收

5.2.1～5.2.4 为新增条文。工程验收项目主要对其质量进行了特别要求。根据国家标准《建筑工程施工质量验收统一标准》GB 50300—2013 中第 5.0.2 条的规定，分析工程质量验收合格应符合下列规定：①所含检验批的质量均应验收合格；②所含检验批的质量验收记录应完整。故对成品材料进场前需准备的成品出厂合格证、质量检测单位出具的检测报告项目、检测报告有效权限及出具报告的质量检测单位、验收记录等进行了规定。不能用橡胶防水标准片的性能检测报告代替成品检验报告。

附录 A　地下工程用橡胶防水材料成品的质量指标

A.1　三元乙丙弹性橡胶密封垫

A.1.1　本条参照国家标准《高分子防水材料　第4部分:盾构法隧道管片用橡胶密封垫》GB/T 18173.4—2010中的要求,特别提出了外观质量要求,以符合工程实际要求。

A.1.2　根据工程使用情况,修改脚部宽度为负偏差;国家标准《高分子防水材料　第4部分:盾构法隧道管片用橡胶密封垫》GB/T 18173.4—2010中,对于三元乙丙弹性橡胶密封垫中密封垫沟槽截面积与密封垫面积之比,未作出相关要求,而《地下工程防水技术规范》GB 50108(报批稿)中提出了该要求。因此,本标准中修改了密封垫截面积与沟槽截面积之比的表述方式。

A.1.3　拉伸强度参照国家标准《高分子防水材料 第4部分:盾构法隧道管片用橡胶密封垫》GB/T 18173.4—2010的要求,指标提高至≥10 MPa。压缩永久变形中70 ℃的指标提高到≤25%,并参照国家标准《高分子防水材料　第4部分:盾构法隧道管片用橡胶密封垫》GB/T 18173.4—2010的要求,增加了23 ℃的试验。并从成品切片改为直接采用成品试样进行检测。热空气老化用于考证橡胶材料在热空气加速老化后性能的变化。含胶量是橡胶有效成分占材料总量的百分比。三元乙丙橡胶因其具有优异的化学稳定性好、耐老化、耐水性能,只有在产品中加入足够量的三元乙丙橡胶,才能保证密封垫能长期承受应力并保证其耐久性。胶含量项目的设置,保证了产品质量。考虑到橡胶材料受到地下霉菌侵蚀的可能,设置了材料的防霉性。

根据工程设计的要求，修改压缩模量为闭合压缩力，仍按工程设计值进行判定。

A.1.4 复合橡胶密封垫的检测方法，三元乙丙橡胶和遇水膨胀橡胶材料，分别按照本标准第 4.2 和 4.3 节的方法进行检测，按照 A.1.3 和A.2.3 的指标进行判定。

A.2 遇水膨胀橡胶挡水条

产品尺寸允差仍规定为正偏差，不作修改。本次修订将“膨胀粉析出”修订为“析出物”，并将指标值进行了完善，旨在不允许添加膨胀粉。其他项目无修改。遇水膨胀橡胶挡水条成品的物理性能指标按国家标准《高分子防水材料　第 3 部分：遇水膨胀橡胶》GB/T 18173.3—2014 中表 2 PZ-250 加以规定，既保证遇水膨胀橡胶挡水条的膨胀倍率满足要求，同时产品不添加膨胀粉，由于成品的膨胀倍率试件尺寸小于国家标准《高分子防水材料　第 3 部分：遇水膨胀橡胶》GB/T 18173.3—2014 的要求，经验证试验，本标准按国标指标 250％的 0.8 倍，定为 200％较为合适。

A.3 遇水膨胀螺孔密封圈

为更切合工程要求，名称改为遇水膨胀螺孔密封圈。实际工程中，由于遇水膨胀螺孔密封圈截面小且不规则，很难测定邵尔硬度，故删除硬度项目。同 A.2，对“膨胀粉析出”进行了修订。

A.6 软木橡胶垫片

产品名称去掉“丁腈”二字；软木橡胶垫片中依据国家标准《盾构法隧道管片用软木橡胶封垫》GB/T 31061—2014 的要求，删去了“拉断永久变形”，增加了环缝软木胶垫的分类。另外，由于工程应用中该材料仅在拼接时起保护作用,同时参照国家标准《盾构法隧道管片用软木橡胶封垫》GB/T 31061—2014,对软木橡胶垫片的防霉等级不作要求。

A.7 橡胶止水带

根据国家标准《高分子防水材料 第2部分:止水带》GB/T 18173.2—2014的要求,增加了JX和JY两种型号,并参照国家标准《高分子防水材料 第2部分:止水带》GB/T 18173.2—2014进行试验。其中,臭氧老化试件采用国家标准《硫化橡胶或热塑性橡胶 耐臭氧龟裂静态拉伸试验》GB/T 7762—2014中方法A,宽条试样,臭氧浓度为50×10^{-8},试样拉伸应变为20%,试验条件为(40±2) ℃,试验时间为48 h。

A.8 自粘丁基橡胶钢板止水带

自粘丁基橡胶钢板止水带质量指标,参考中国建筑防水协会标准《自粘丁基橡胶钢板止水带》T/CECS 10015—2019的指标,并经验证确认。

附录 B 地下工程用橡胶防水材料进场抽样检验

B.1 组批与抽样

本节参照国家标准《高分子防水材料 第 2 部分:止水带》GB/T 18173.2—2014、《高分子防水材料 第 3 部分:遇水膨胀橡胶》GB/T 18173.3—2014、《高分子防水材料 第 4 部分:盾构法隧道管片用橡胶密封垫》GB/T 18173.4—2010 等产品标准中对相应产品的组批抽样要求进行设定。

B.2 判定规则

本节参照国家标准《高分子防水材料 第 2 部分:止水带》GB/T 18173.2—2014、《高分子防水材料 第 3 部分:遇水膨胀橡胶》GB/T 18173.3—2014、《高分子防水材料 第 4 部分:盾构法隧道管片用橡胶密封垫》GB/T 18173.4—2010 等产品标准,《硫化橡胶或热塑性橡胶 拉伸应力应变性能的测定》GB/T 528、《硫化橡胶或热塑性橡胶 低温脆性的测定(多试样法)》GB/T 15256 等方法标准中对检测项目合格的判定规则设置。